MÉMOIRE

SUR

LE TORRÉFACTEUR MÉCANIQUE

PAR M. E. ROLLAND.

EXTRAIT DU TOME XVIII
DES MÉMOIRES PRÉSENTÉS PAR DIVERS SAVANTS
À L'INSTITUT IMPÉRIAL DE FRANCE.

PARIS.
IMPRIMERIE IMPÉRIALE.

M DCCC LXIV.

MÉMOIRE

SUR

LE TORRÉFACTEUR MÉCANIQUE.

MÉMOIRE

SUR

LE TORRÉFACTEUR MÉCANIQUE

PAR M. E. ROLLAND.

EXTRAIT DU TOME XVIII

DES MÉMOIRES PRÉSENTÉS PAR DIVERS SAVANTS

À L'INSTITUT IMPÉRIAL DE FRANCE.

PARIS.

IMPRIMERIE IMPÉRIALE.

M DCCC LXIV.

1864

MÉMOIRE

SUR

LE TORRÉFACTEUR MÉCANIQUE[1].

Les personnes qui s'occupent des applications de la chaleur dans les arts savent combien les appareils usités jusqu'ici laissent à désirer, si on les compare surtout au degré d'avancement où sont parvenues les applications diverses de la force mécanique à l'industrie.

Ainsi les appareils divers employés à la torréfaction du café, du cacao, etc. les séchoirs de toutes sortes, les fours sur lesquels se torréfie le tabac, et une foule d'autres appareils analogues sont à chargements intermittents, et ils ont l'inconvénient d'être très-peu économiques sous tous les rapports, de donner des produits forcément très-irrégu-

[1] Huit années se sont écoulées depuis que ce mémoire a été rédigé, et une longue expérience a confirmé de tous points les avantages du torréfacteur mécanique. L'appareil que nous avons décrit n'a cessé de fonctionner depuis l'exposition universelle de 1855, à raison de dix à douze heures par jour; il est encore dans un parfait état de conservation, résultat très-remarquable, et l'on peut presque dire inespéré, si l'on tient compte des causes de destruction si énergiques qu'entraîne, pour les métaux, le contact incessant de la vapeur d'eau et le rayonnement direct des foyers. Les manufactures impériales de France sont aujourd'hui pourvues de nombreux torréfacteurs mécaniques construits sur un modèle nouveau, dans lequel j'ai résumé toutes les améliorations et toutes les simplifications que la pratique a permis d'apporter successivement à l'appareil décrit dans ce mémoire.

liers, et enfin d'exposer les ouvriers aux émanations souvent peu salubres qui se dégagent des matières soumises à l'action d'une température élevée.

J'ai été longtemps préoccupé de cette fâcheuse situation industrielle et du désir de supprimer les causes qui, dans un grand nombre de cas, peuvent nuire à la santé des ouvriers. C'est ce désir qui, après de longues études et de nombreux perfectionnements successifs, m'a conduit à réaliser un torréfacteur mécanique dont l'emploi parfaitement salubre remédie en outre aux défauts économiques des anciens appareils, en donnant à la torréfaction et à la dessiccation des matières solides tous les avantages des opérations industrielles qui se font avec une continuité et une régularité parfaites.

Je me propose dans ce mémoire d'expliquer, aussi clairement que possible, la construction et le fonctionnement du torréfacteur mécanique, et d'appuyer la démonstration des avantages qu'il présente de l'exposé des résultats obtenus déjà dans une marche courante de l'appareil. Pour plus de clarté, je crois devoir diviser mon mémoire en deux parties : la première sera descriptive et générale; la seconde contiendra les résultats des expériences.

PREMIÈRE PARTIE.

DESCRIPTION DU TORRÉFACTEUR MÉCANIQUE; DÉTAILS SUR SA MARCHE ET SES APPLICATIONS POSSIBLES.

Le nom de *torréfacteur*, donné à l'appareil qui fait l'objet de ce mémoire, pourrait faire croire que cet appareil est propre à exécuter seulement les opérations assez restreintes désignées ordinairement sous le nom de *torréfaction*. Pour éviter ce malentendu, nous dirons sur-le-champ que le torréfacteur mécanique est destiné à soumettre une matière solide quelconque à l'action d'une température fixée à l'avance, et choisie de manière à produire sur cette matière un effet déterminé.

Cette définition générale embrasse les nombreuses opérations que, dans l'industrie, on désigne sous les noms variés de *caléfaction, dessiccation, grillage, torréfaction*, suivant les circonstances et le but que l'on se propose d'atteindre. Ces opérations, différentes dans les détails, consistent toutes, au fond, à soumettre les corps à l'action d'une certaine température, et l'on conçoit qu'il soit possible d'opérer cette action commune à l'aide d'un appareil dont les dispositions principales resteront aussi toujours les mêmes, et dont les accessoires seuls varieront suivant les exigences de chaque cas particulier.

Le torréfacteur mécanique peut donc recevoir une foule d'applications et remplacer un grand nombre d'appareils divers employés actuellement dans l'industrie. Toutefois, pour chaque application spéciale, il sera souvent utile de modifier quelques parties du torréfacteur, sans rien changer aux principes généraux de sa construction.

Pour faire une description précise de l'appareil sans nous embarrasser d'abord des modifications dont il est susceptible, nous sommes obligé de choisir un cas particulier, et nous croyons devoir préférer celui qui présente les difficultés les plus sérieuses.

Le torréfacteur que nous prendrons pour exemple est disposé spécialement pour le travail des matières filamenteuses, telles que le tabac haché. Ces matières sont, en effet, d'un travail difficile à cause de l'enchevêtrement de leurs brins, du volume considérable qu'elles occupent, de la nécessité de ne pas faire de débris, etc.

L'appareil pris pour exemple doit être considéré comme satisfaisant aux cas les plus compliqués. On n'aurait donc qu'à le simplifier pour le faire servir au travail d'autres matières, telles que le café, le cacao, la chicorée, le malt, les grains, les légumes, les cossettes de betterave, le plâtre, etc. Nous indiquerons plus tard quelques-unes de ces simplifications.

Les parties principales qui, dans tous les cas, constituent le torréfacteur, sont : 1° le cylindre dans lequel la torréfaction s'effectue; 2° la trémie d'arrivée, par laquelle on introduit la matière dans le cylindre; 3° la trémie de sortie; 4° les appareils de chauffage; 5° les organes de transmission de mouvement.

Dans la description du torréfacteur il paraîtrait naturel de suivre la marche de la matière qui subit la torréfaction, et de commencer par l'examen de la trémie d'entrée. Mais si l'on adoptait cet ordre, il serait impossible d'expliquer de suite la nécessité de certaines dispositions de cette même trémie.

Nous préférons donc appeler d'abord l'attention sur le cylindre où la matière reçoit l'action de la chaleur. Dans l'ensemble du torréfacteur ce cylindre est la pièce capitale; les autres parties viennent se grouper autour de lui comme des accessoires, et leurs dispositions sont subordonnées à l'opération qui s'effectue dans le cylindre. L'examen préalable du fonctionnement de la pièce principale rendra donc le reste beaucoup plus facile à comprendre.

1° Cylindre torréfacteur.

Le cylindre dans lequel s'opère la torréfaction, représenté sur les plans en ABCD (fig. 1) est construit en tôle de fer; ses deux extrémités seules sont en fonte. Il est traversé par un courant d'air chaud, et reçoit, en outre, le rayonnement de deux foyers placés plus bas en I et I'. Supposons que le cylindre contienne une matière solide qui doit être torréfiée, et, pour le moment, ne nous inquiétons pas de savoir comment cette matière a pu y être introduite. Pour échauffer uniformément la matière, il faut la retourner sans cesse, en variant ses contacts avec les parois du cylindre; il faut aussi la soulever et la laisser retomber à travers le courant d'air chaud.

Afin de faire comprendre comment ces résultats sont obtenus, imaginons d'abord que le cylindre soit armé à l'intérieur de quatre nervures planes, dirigées dans le sens de sa longueur et formant des saillies de $0^{m},15$, par exemple, au-dessus de sa surface.

Supposons ensuite que le cylindre tourne sur son axe avec une vitesse modérée, telle que six à huit tours par minute; la matière que contient le cylindre sera entraînée dans la rotation par le frottement de la surface, mais s'il n'y avait pas de nervures sur cette surface, l'entraînement n'aurait lieu que jusqu'à une faible hauteur, et la matière glisserait constamment, sans se retourner, pour revenir à la partie la plus basse du cylindre.

Les nervures empêchent ce glissement et entraînent la matière jusque vers le haut de l'appareil; en arrivant là, elle retombe par son propre poids, et, en tombant, se retourne de telle sorte que les parties qui étaient d'abord au contact de la tôle forment, après un demi-tour, la partie supérieure de la masse, et *vice versâ*.

On obtient ainsi pour la matière des retournements répétés, et un mouvement qui l'expose à l'action du courant d'air chaud. Le système que nous venons de décrire permettrait donc d'opérer des torréfactions, mais il ne donnerait pas un travail continu, car, pour que cette dernière condition soit remplie, il faut que la matière entre, à son état primitif, par une des extrémités du cylindre, et qu'en subissant l'action de la chaleur elle marche sans cesse dans le sens de la longueur de l'appareil, pour sortir torréfiée par l'autre extrémité. Or les nervures planes, parallèles à l'axe du cylindre, ne déplacent pas la matière dans le sens de la longueur de cet axe; il est donc nécessaire de les modifier pour leur faire produire cette nouvelle action. Considérons une petite partie d'une des nervures; si, au lieu de la placer parallèlement à l'axe du cylindre, on l'incline légèrement vers l'une des extrémités de l'appareil, la matière, en glissant sur cette palette, marchera du côté de la pente et avancera un peu à chaque retournement.

Mais en inclinant de cette manière chaque petite portion des nervures, on transforme celles-ci en surfaces hélicoïdales très-allongées. Telle est la construction adoptée; on voit (fig. 1) les quatre nervures hélicoïdales, dont le pas est fort grand par rapport au diamètre du cylindre, puisque, dans toute la longueur de celui-ci, elles ne font que cinq huitièmes de tour.

Le rapport des deux mouvements de retournement et de progression horizontale dépend d'un grand nombre de causes, mais surtout du coefficient de frottement de la matière torréfiée contre la tôle et de l'inclinaison des hélices, et peut, à l'aide de ce dernier élément, être varié entre toutes limites.

Dans le cas où la matière torréfiée est filamenteuse, le roulement continuel qu'elle subit la pelotonnerait bientôt. Pour remédier à cet inconvénient, le bord des hélices est armé de crochets recourbés dans le sens du mouvement (fig. 1 et 2); les pointes des crochets s'introduisent dans les pelotons déjà formés; ceux-ci s'étirent par leur propre poids, et, en retombant du haut du cylindre, subissent d'une manière plus efficace l'action du courant d'air chaud.

Les quatre hélices allongées dont nous venons de décrire l'action sont remplacées du côté AD, où entre la matière, par deux hélices beaucoup plus inclinées, qui saisissent la matière à son arrivée et la conduisent de suite vers l'intérieur, afin de laisser l'entrée toujours libre, et afin qu'aucune partie ne puisse sortir du cylindre par des mouvements accidentels. Ces hélices sont représentées en A *a b c*, *d a e* (fig. 1).

A l'autre extrémité du cylindre on a augmenté l'inclinaison des quatre hélices, afin de faciliter aussi la sortie de la matière.

Toutes les hélices sont fixées au cylindre par des cornières et des rivets, dont les trous un peu oblongs permettent aux pièces juxtaposées des dilatations inégales. Les feuilles de tôle qui composent le cylindre sont placées bout à bout, rabotées sur les arêtes de jonction, et les joints sont recouverts extérieurement par des bandes de tôle. Enfin, par le choix des assemblages et les soins donnés à l'exécution, on a cherché à obtenir à l'intérieur une surface parfaitement lisse, et telle que la matière en circulation ne rencontre aucune cavité où elle puisse séjourner et subir l'action d'une chaleur trop forte ou trop prolongée.

Le cylindre repose vers chacune de ses extrémités sur des galets G G′ (fig. 1 et 2) dont les supports sont boulonnés solidement à la maçonnerie de fondation; le mouvement de rotation lui est communiqué à l'aide d'une roue d'engrenage R (fig. 1 et 5) fixée à sa partie postérieure. Sous l'influence de la chaleur le cylindre peut se dilater d'une longueur assez notable et, pour que la roue R ne se déplace pas trop par rapport au pignon dont elle reçoit le mouvement, on a donné aux deux galets qui en sont voisins la forme de poulies à gorge embrassant un renflement pq, ménagé sur la partie correspondante du cylindre. Cette disposition ne permet que de petites variations dans la partie pq, et reporte à l'autre extrémité presque tout l'effet de la dilatation.

Nous avons expliqué comment les hélices conduisent la matière d'une extrémité à l'autre du cylindre. Si ces extrémités restaient ouvertes, l'entrée et la sortie de la matière seraient très-faciles : mais on conçoit que, pour obtenir un courant d'air chaud régulier dans le cylindre, et une bonne utilisation de la chaleur, il faut empêcher l'accès de l'air froid extérieur par les deux extrémités; il faut aussi que l'entrée de la matière se fasse fréquemment et par petites quantités, afin qu'elle se présente aussi divisée que possible à l'action de la chaleur. Pour satisfaire à ces diverses conditions, on a dû combiner des appareils spéciaux qui constituent les trémies d'entrée et de sortie.

2° Trémie d'entrée. La trémie d'entrée se compose d'un conduit, partie en bois, partie en fonte, qui s'ouvre en EF (fig. 1) et se termine en AK à l'entrée du cylindre torréfacteur. En parcourant cette route, la matière à torréfier rencontre successivement un distributeur à palettes et deux systèmes de soupapes.

Le distributeur règle le poids de matière fourni au cylindre dans un temps donné; il est formé d'une roue à palettes et d'une sorte de herse en fer *n*, mobile dans des glissières, et qu'on peut, au moyen d'une vis *v*, fixer à diverses hauteurs au-dessus de la roue à palettes (fig. 1 et 4).

Les figures 4 et 5 donnent les détails du mécanisme qui fait mouvoir le distributeur. A l'extrémité de l'arbre horizontal CC′ (fig. 4), est fixé un plateau *p*, qui joue le rôle de manivelle variable pour donner le mouvement à la bielle *bb*′ (fig. 5); celle-ci est articulée avec un pied de biche *cd*, qui vient agir sur une roue à rochet fixée sur l'arbre B du distributeur. Il résulte de cette transmission que la roue à palettes décrit, pour chaque tour du torréfacteur, un angle que l'on peut faire varier à volonté. La matière, versée dans la partie supérieure de la trémie, vient remplir l'auget *f* (fig. 1); elle est ensuite entraînée dans le mouvement de la roue à palettes, et passe sous la herse qui, en l'étirant, empêche les obstructions et régularise la charge de l'auget.

Les augets pleins prennent successivement les positions *g*, *h*, *i*, *j*; à partir des deux dernières, leur charge tend à se déverser dans le conduit inférieur, mais elle est retenue par les parois de la caisse, et il n'en tombe qu'une petite portion, jusqu'à ce que l'auget arrive à la position *l*, où il se vide complétement. On obtient ainsi une régularité suffisante; il est d'ailleurs inutile que la charge de chaque auget soit tout à fait constante, pourvu que la quantité totale de matière versée dans un ou deux tours de roue reste sensiblement la même. Pour fixer au taux convenable le poids de matière qui passe dans un temps donné, on dispose de deux éléments variables à volonté, la hauteur de la herse et l'excentricité de la manivelle qui transmet le mouvement au pied de biche.

Le distributeur remplit donc la condition de régler et de rendre uniforme le débit de la matière qui va être soumise à la torréfaction. Il reste à introduire cette matière dans le cylindre, sans mettre celui-ci en communication avec l'extérieur. Ce résultat est obtenu par le jeu des soupapes *ss'* et S (fig. 1), sur lesquelles une même came T vient agir, mais successivement, de telle sorte que l'une des soupapes ne peut s'ouvrir que lorsque l'autre est fermée. Les axes de rotation des soupapes *ss'* se projettent en *aa'* (fig. 5); tous deux sont liés à un système de leviers et de tiges articulées, *acfa'ghi*, système qui se termine par un galet *m*, appuyé sur la circonférence de la roue V, et dont le soulèvement par la came T produit l'ouverture des soupapes; celles-ci se referment aussitôt après le passage de la came, sous l'action des contre-poids *pp'*. Mais, pendant l'ouverture, la matière tombe et s'arrête sur la soupape S qu'elle trouve fermée. Un instant après, la came T vient agir sur le galet M, porté par un bras de levier fixé à l'axe A de la soupape S; celle-ci s'ouvre, laisse tomber la matière à l'entrée du cylindre torréfacteur, et se referme sous l'action du contre-poids P. Les mouvements sont d'ailleurs combinés de telle sorte que, au moment où la matière arrive à l'entrée du cylindre, aucune portion d'hélice ne vienne obstruer l'orifice.

L'arbre horizontal qui porte la roue à came V reçoit le mouvement de l'arbre CC' (fig. 4) qui, ainsi que nous l'avons vu précédemment, est aussi l'origine de la transmission du distributeur.

3° Trémie de sortie.

La trémie de sortie est beaucoup plus simple que la trémie d'entrée, parce qu'elle n'a pas à régler la quantité de matière qui passe dans le torréfacteur; il est inutile aussi qu'elle livre passage à la matière à chaque tour de l'appareil; cette fréquence des ouvertures serait même nuisible, car elle produirait une continuelle introduction d'air extérieur.

On trouve (fig. 1) la trémie de sortie représentée à l'extrémité du torréfacteur; c'est une caisse en fonte HLL'M, reliée par la partie supérieure à un entablement, et dont la partie inférieure est fermée par les deux soupapes L L'. La figure 6 montre l'élévation et la coupe transversale de la même partie de l'appareil; enfin on peut voir, fig. 7 et 8, les détails du mécanisme des soupapes. Les axes AA', BB' (fig. 8) de ces deux soupapes sont supportés à leurs extrémités par les pointes coniques de vis v, v_1, v_2, v_3, autour desquelles elles peuvent tourner très-librement. Pour que les soupapes s'ouvrent et se ferment toutes les deux à la fois, on a fixé sur leurs axes des quarts de roues dentées m, m', qui engrènent avec deux autres quarts de roues n, n', calés sur un même arbre horizontal. Deux bras de levier fixés sur cet arbre portent les contre-poids P P', qui maintiennent les deux soupapes fermées.

Dans la marche de l'appareil, la matière torréfiée se déverse de l'extrémité du cylindre sur les soupapes de sortie, et s'amasse graduellement jusqu'à ce qu'il y en ait assez pour vaincre l'action des contre-poids. Les soupapes s'ouvrent alors, laissent échapper la matière, et se referment aussitôt sous l'action des contre-poids et du ressort d'une lame en caoutchouc fixée, d'une part, à la poulie p, et, de l'autre, à un point fixe de la caisse. Cette lame se tend par l'ouverture des soupapes, et les ramène vers la fermeture en suppléant à l'action des contre-poids dans la portion de la course où ceux-ci sont voisins de leur point mort.

Appareils de chauffage, circulation de la fumée, de l'air et des vapeurs.

Nous venons de décrire le mouvement complet et continu de la matière depuis son entrée dans la trémie jusqu'à sa sortie de l'appareil; il nous reste à expliquer les moyens mis en œuvre pour faire agir la chaleur.

Par le choix et la combinaison de ces moyens, on a cherché à obtenir une température égale dans les diverses parties du cylindre torréfacteur, et à éviter les déperditions de calorique. Ainsi, pour répartir également la chaleur, on a exposé le cylindre entier au rayonnement des foyers et au contact des gaz de la combustion. Pour éviter les pertes, les gaz brûlés ne sont mis en contact, dans leur circulation, qu'avec le cylindre qui contient la matière à torréfier, et avec des enceintes où l'air de ventilation passe et s'échauffe avant de traverser le cylindre. De quelque côté que les gaz et le rayonnement transmettent la chaleur, celle-ci ne rencontre que des corps où elle est utilisée. Enfin, pour diminuer le refroidissement de l'air de ventilation, son parcours est entouré à l'extérieur d'une dernière enveloppe de corps mauvais conducteurs.

Il est facile de comprendre sur les plans l'ensemble de ces dispositions. La combustion s'opère sur deux grilles I, I', combinées de telle sorte que le rayonnement soit à peu près égal pour toutes les parties du cylindre exposées à l'action directe du feu. Les grilles sont à une assez grande distance au-dessous du cylindre, parce que les dessins se rapportent ici à un cas où la chaleur doit être modérée.

Le chemin des gaz de la combustion est indiqué, sur les figures 1 et 10, par des flèches noires; on voit qu'ils enveloppent le cylindre et circulent autour de lui dans un espace limité, en bas, par les grilles et la maçonnerie, en haut, par un manteau en tôle NO, et, aux deux extrémités, par des murs en briques. Les gaz descendent ensuite par le canal Z pour gagner la cheminée, qui les rejette dans l'atmosphère.

Autour des enveloppes qui renferment les gaz de la combustion, on rencontre les espaces parcourus par l'air qui doit passer dans le cylindre. Cet air chaud, dont le chemin est indiqué par des flèches ponctuées sur les figures 1 et 10, entre de l'extérieur dans les vides AA, A'A' ménagés dans les murs latéraux (fig. 10), s'échauffe dans l'espace annulaire PQ, entre le premier et le second manteau en tôle, et se réunit dans le conduit R'' (fig. 1); ensuite il se partage dans deux canaux AA' (fig. 11, 12 et 13), qui descendent tout du long des faces latérales de la caisse d'arrivée, et entre enfin par l'extrémité du cylindre torréfacteur, qu'il parcourt dans toute sa longueur, en agissant sur la matière avant d'aller se perdre dans la cheminée.

Les secondes cloisons CC des murs latéraux (fig. 10) et l'espace plein d'air immobile entre le second et le troisième manteau XY s'opposent aux pertes par rayonnement.

L'air chaud, en passant autour de la trémie d'entrée, échauffe les parois de cette trémie et, par suite, la matière qui y est contenue et qui, de cette manière, arrive déjà tiède dans le cylindre.

Les dispositions que nous venons d'indiquer sommairement ont pour but de bien utiliser la chaleur et de la répartir également sur toute la longueur du cylindre. Mais elles ne suffiraient pas pour donner une marche toujours régulière; il faut aussi que la température se maintienne d'elle-même sensiblement constante, au point que l'on aura jugé par expérience le plus convenable pour l'opération, et ce résultat ne peut être donné que par un dispositif réglant sans cesse la marche des foyers.

Les circulations multiples des gaz, la rotation du cylindre, les liaisons de tout genre, établissent une étroite solidarité entre les températures des diverses parties de l'appareil torréfacteur. Un changement dans la chaleur sur un point est donc toujours rapidement accompagné de changements correspondants dans tout le système, et si l'on veut prévenir les variations de température, le mieux est de prendre pour point de départ de l'action régulatrice la partie où ces variations se font sentir le plus rapidement et avec la plus grande intensité. L'enceinte PQ, entre le premier et le second manteau, remplit ces conditions; elle occupe toute la longueur de l'appareil; elle n'est séparée des gaz de la combustion que par une tôle assez mince; les enveloppes ont une trop faible masse pour servir de réservoir de chaleur et ralentir les variations; enfin la circulation d'air transmet et répartit promptement la chaleur. On conçoit donc que cette enceinte, comme d'ailleurs l'expérience le prouve, ressente avec une extrême rapidité les variations de température qui tendent à se produire dans l'ensemble de l'appareil. Il reste à expliquer comment on met à profit cette sensibilité pour agir convenablement sur les foyers.

On voit en PQ (fig. 1), un réservoir métallique qui communique, par l'intermédaire d'un tube rt de petit diamètre, avec un siphon renversé qui contient du mercure. Les variations de température de l'air contenu dans le réservoir produisent des dénivellations du mercure, et l'on conçoit qu'en plaçant un flotteur dans la branche du siphon qui est ouverte à l'air libre, on peut employer les mouvements de ce flotteur pour ouvrir ou fermer une soupape xy donnant accès à l'air dans les cendriers des foyers. La combustion s'active ou se ralentit alors, en raison de la quantité d'air qui vient l'alimenter.

La description du thermo-régulateur, bornée à ce que nous venons de dire, pourrait faire croire qu'il s'agit seulement d'un grand thermomètre à air combiné avec une soupape à flotteur, et qu'il n'y a rien de bien neuf, au moins en principe, dans cet appareil. Mais pour obtenir une grande sensibilité, il faut combiner toutes les parties du thermo-régulateur d'après une théorie assez délicate, beaucoup trop longue pour être exposée ici, et qui pourra faire l'objet d'un mémoire spécial. Cette théorie conduit, dans l'application, à des résultats entièrement nouveaux, et même opposés à ce qui s'est fait jusqu'à présent dans les appareils de ce genre.

Ce que nous disons ici a seulement pour but de faire comprendre comment le thermo-régulateur est influencé rapidement par la température du torréfacteur, et comment il réagit sur les foyers.

Après avoir expliqué sommairement les principes suivis dans l'application de la chaleur au torréfacteur, nous allons reprendre en détail les dispositions diverses et multipliées qui ont été la conséquence de ces principes.

Commençons par l'arrivée de l'air dans les foyers. Le thermo-régulateur devant régler l'accès de cet air, il faut que celui-ci ne puisse arriver aux foyers qu'à travers l'ouverture sur laquelle agit la soupape. L'appareil est représenté dans son ensemble, fig. 1. Il est placé dans une niche ménagée à la partie inférieure de la maçonnerie d'une des parois du four; l'ouverture à soupape est indiquée en xy; après y avoir passé, l'air suit un canal qui pénètre d'abord jusqu'au centre du four, puis se recourbe suivant J U, et se bifurque pour aboutir aux deux foyers; la soupape z permet de régler le partage de l'air entre les deux grilles. Quant aux foyers, ils sont munis de devantures analogues aux devantures employées ordinairement (fig. 9).

Toutefois, l'entrée de l'air dans les foyers ne devant avoir lieu que par le conduit du thermo-régulateur, il faut rendre la fermeture des portes aussi hermétique que possible. A cet effet, les surfaces de jonction des portes et des devantures sont rabotées; les portes des cendriers restent habituellement fermées, et ne servent que de temps à autre, lors de l'enlèvement des cendres et scories. Pour donner une clôture plus exacte, ces portes sont pressées chacune contre la devanture par trois boulons avec écrous à poignées. Une devanture est également appliquée devant la niche du thermo-régulateur (fig. 9); elle se compose d'un cadre et d'une grande porte AB, qui permet de visiter et même de sortir l'appareil. Une ouverture à grillage CD, pratiquée dans la porte, donne passage à l'air appelé pour la combustion.

Pour en finir avec la circulation de l'air qui passe dans les foyers, nous ajouterons qu'une soupape *w* (fig. 1) est placée dans le conduit Z qui mène à la cheminée les gaz de la combustion. Cette soupape permet de régler le tirage; on la fait mouvoir à l'aide de la manivelle *a b* (fig. 9); le degré d'ouverture est indiqué et maintenu par un quart de cercle divisé *c d*, placé sur le mur extérieur.

Passons aux appareils qui forment les canaux pour l'air de ventilation destiné à circuler dans le cylindre. A partir du plan horizontal FG (fig. 10), et jusqu'à la hauteur de l'axe du cylindre, chacune des deux parois du four est formée par deux cloisons en maçonnerie CC, DD, laissant entre elles un intervalle AA dans lequel commence à s'échauffer l'air, appelé du dehors par les ouvertures latérales *a a*. Ces ouvertures sont munies de registres qui permettent de faire varier l'appel. De chaque côté du cylindre on a ménagé des regards *b b*, qui servent à nettoyer au besoin toutes les parties du four.

Pour assujettir les manteaux en tôle qui forment la partie supérieure de l'appareil, on a couronné les cloisons de maçonnerie par des bandes en fonte projetées en II, II, sur les figures 9 et 10. Ces bandes sont percées de grandes ouvertures OO (fig. 10) pour donner passage à l'air qui s'est échauffé entre les deux cloisons, et lui permettre de se répandre entre les enveloppes.

Les bandes servent de base à divers cintres en fonte, sur les nervures desquels sont clavetées les enveloppes en tôle (fig. 1). Les deux cintres, aux extrémités du fourneau, sont pleins, et ferment ainsi les espaces annulaires compris entre les enveloppes; ils sont continués par des demi-cercles inférieurs, de manière à former avec eux des anneaux complets, par lesquels le cylindre sort du fourneau. Il est nécessaire, pour laisser libre la rotation du cylindre, de ménager quelque jeu entre sa surface et celle des anneaux, et ce jeu pouvait permettre à la fumée et aux flammèches de se répandre dans l'atelier, ou à l'air extérieur de rentrer dans le fourneau. Pour éviter cet effet, le cylindre et les anneaux sont garnis chacun de nervures cylindriques qui, comme le montre le plan, entrent les unes dans les vides laissés entre les autres, et de manière à donner entre les pièces un jeu latéral d'environ 5 millimètres. Ce jeu, dans les fonds des cannelures, est porté à 2 ou 3 centimètres. Le mouvement et la dilatation du cylindre sont donc parfaitement libres, mais la communication entre l'intérieur du fourneau et l'extérieur forme ainsi un canal à coudes brusques, à étranglements et à élargissements successifs, disposition qui oppose, comme on le sait, un obstacle considérable au mouvement des fluides.

Les manteaux pouvant avoir des dilatations assez inégales, on a évité de les rendre complétement solidaires les uns des autres, et, pour diminuer les effets de cette action de la chaleur, on a divisé les manteaux et les bandes dans leur longueur en deux parties qui se réunissent au milieu, mais avec un mode de jonction qui permet de petits mouvements.

Pour éviter les refroidissements, les deux manteaux extérieurs se prolongent au delà du fourneau, et viennent envelopper la partie supérieure de la trémie de sortie. Enfin deux cheminées en tôle à double enveloppe R″, W, servent, l'une à faire passer l'air chaud de l'espace PQ dans le conduit le long de la trémie d'entrée, l'autre, à évacuer l'air qui s'est chargé de vapeurs en traversant le cylindre.

A l'endroit où le cylindre vient rejoindre les trémies d'entrée et de sortie, il se présente des questions de même nature qu'aux jonctions du cylindre avec le fourneau; il importe d'empêcher que l'air froid extérieur pénètre dans l'intérieur de l'appareil; mais ici la solution complète est plus facile, car le cylindre étant moins chaud, on a pu employer une bande de cuir fixée dans une partie de sa largeur, sur la trémie, et dont l'autre partie se retourne à angle droit, pour venir embrasser le cylindre contre lequel elle appuie légèrement.

Transmission du mouvement.

Pour obtenir une action convenable de la chaleur sur la matière à torréfier, il ne suffit pas de maintenir la température constante par l'action du thermo-régulateur, car la matière elle-même peut varier, soit dans son degré d'humidité, soit sous d'autres rapports. On pourrait y obvier en changeant le degré de la température que doit maintenir le thermo-régulateur; mais ce moyen serait peu commode dans certains cas, et surtout lorsque le changement doit être brusque et de peu de durée.

Il est plus commode alors de faire varier la vitesse de rotation du cylindre, et, par suite, le temps pendant lequel la matière y subit l'action de la chaleur et de la ventilation. Pour obtenir instantanément des changements de vitesse du cylindre sans toucher au moteur, on a eu recours à l'emploi de quatre cônes (fig. 3), qui forment une des parties les plus utiles de la transmission.

Le mouvement d'un moteur quelconque est communiqué à l'aide de la poulie G (fig. 3 et 13) à l'arbre F, qui porte le cône supérieur. Les trois autres cônes sont montés sur des arbres F_1, F_2, F_3, dont les deux premiers, F_1, F_2, sont dans le même plan horizontal. Une courroie relie le cône supérieur au cône 2; sur l'arbre de ce dernier est fixée une roue d'engrenage xy (fig. 3) qui communique le mouvement à l'arbre F_1 sur lequel est monté le cône 3; celui-ci est relié au cône 4 par une courroie.

Pour faire varier la position des courroies sur les cônes, et, par suite, la vitesse de l'appareil, on se sert d'une disposition tracée sur les figures 3 et 14. Une double fourche AA (fig. 14) agit sur les deux brins de la courroie du premier système de cônes; elle est mise en mouvement par la rotation de deux vis parallèles BB; un système semblable est appliqué à la courroie de la seconde paire de cônes. Enfin les quatre vis sont rendues solidaires par des roues d'engrenages *a*, *b*, *c* (fig. 3), et on les met toutes en mouvement à la fois en agissant sur le maneton *m*. Ce système permet de faire varier facilement, dans le rapport de 1 à 4, la vitesse du cylindre. Si l'on voulait obtenir le même effet avec deux cônes seulement, et sans changer leur longueur, il faudrait incliner beaucoup plus leurs génératrices, et les courroies pourraient glisser.

L'arbre F_3 (fig. 3) du dernier cône porte un pignon mn (fig. 4), qui engrène avec une roue gh, fixée sur un nouvel arbre F'; celui-ci porte un pignon $g'h'$, qui engrène avec la roue R fixée sur le cylindre.

C'est la roue R qui transmet le mouvement aux arbres M et CC' qui font marcher les soupapes et le distributeur, comme nous l'avons dit plus haut. A cet effet, la roue R (fig. 13 et 4) engrène avec une roue J_1, montée sur l'arbre BB'. Cet arbre porte une roue conique J, qui communique le mouvement à l'arbre CC' et à l'arbre M, au moyen de l'engrenage rr'. Les dimensions des roues et pignons sont calculées pour que l'arbre M ait la même vitesse angulaire que le cylindre, de telle sorte que les soupapes s'ouvrent à chaque tour de celui-ci, en un moment qui est déterminé par la position de la came T.

Afin de pouvoir arrêter le mouvement du distributeur et des soupapes, tout en maintenant celui du cylindre, on fait l'arbre BB' (fig. 13) de deux pièces, reliées par un manchon d'embrayage O.

Ce manchon n'a qu'une dent, pour que les deux parties d'arbres se rejoignent toujours dans la même position relative, et que, par suite, l'ouverture des soupapes se fasse pour les mêmes positions du cylindre.

L'arbre F_3 du dernier cône peut recevoir une manivelle Q, qui sert à faire marcher à bras le torréfacteur, dans le cas où il surviendrait un accident momentané, tel que la chute ou le glissement d'une courroie. Cette précaution était nécessaire pour éviter que, le mouvement venant à s'arrêter pendant que le cylindre contient une certaine quantité de matière, celle-ci puisse être détériorée par l'action trop prolongée de la chaleur. On peut, en pareille occurrence, vider le cylindre à l'aide de la manivelle.

Bâtis. Pour terminer la description complète de l'appareil, nous allons indiquer sommairement les dispositions employées pour en supporter les différentes parties. Nous avons déjà dit que le cylindre repose sur les quatre galets G G'; les différentes enveloppes sont supportées par des cintres qui reposent, les uns, sur les parois du four, les autres, sur des cintres inférieurs, dont le pied est fixé à la maçonnerie formant fondation; les autres, enfin, sur un entablement qui relie deux colonnes, placées à la partie antérieure de l'appareil, aux plaques de couronnement des cloisons latérales du four.

Il ne reste donc plus qu'à faire voir comment sont maintenues les pièces de l'arrière de l'appareil. Les figures 1, 4, 5 et 13 donnent les différentes vues des dispositions que l'on a employées à cet effet. Quatre colonnes en fonte *d, d', f, f'* (fig. 13), reliées par un entablement, supportent la trémie d'arrivée et les supports de l'arbre du distributeur.

Deux colonnes plus petites K, K', sont fondues d'un seul morceau avec les colonnes *d', f'*, ainsi que le représente la figure 4; c'est sur le bâti formé par l'ensemble de ces quatre colonnes que sont fixés les supports des axes des différents cônes de transmission, ainsi que ceux de l'arbre F, qui transmet le mouvement au cylindre torréfacteur par l'engrenage *g' h'* R.

Quant à la caisse d'introduction et au conduit qui amène l'air chaud dans l'intérieur du cylindre, ils reposent sur un bâti qui est figuré en coupe sur la figure 1, et qui est reproduit dans les figures 4 et 5 en $SS'\,ss_1$. Sur ce bâti sont boulonnées deux chaises en fonte parallèles, dont l'une est représentée sur la figure 5 en Svt; ce sont ces deux pièces qui portent les coussinets de tous les arbres du mécanisme des soupapes d'introduction.

La description de l'appareil étant terminée, nous pouvons entrer dans quelques considérations qui, placées plus tôt, auraient rompu l'enchaînement des explications qu'il nous reste à donner.

Observations sur l'emploi des surfaces hélicoïdales dans le torréfacteur mécanique.

Dans le torréfacteur on emploie, comme nous l'avons expliqué, des surfaces hélicoïdales, et les noms de ces surfaces rappellent naturellement à l'esprit les vis d'Archimède, appliquées à divers usages dans l'industrie. Nous croyons utile d'aller au-devant de ce rapprochement, parce que, en dehors de la question de nouveauté de l'appareil, il pourrait donner des idées très-inexactes sur le but et le fonctionnement du torréfacteur.

Le but du torréfacteur, envisagé au point de vue mécanique, est de soulever, de retourner des matières quelconques et de les faire traverser par un courant d'air.

Un cylindre garni de plans diamétraux remplirait parfaitement ces fonctions, et si l'on remplace les nervures planes par des hélices très-allongées, c'est pour arriver à la continuité des opérations, mais nullement pour exécuter l'opération elle-même.

La vis d'Archimède tournant dans une enveloppe ne sert en réalité qu'à transporter, dans le sens de son axe, des matières pulvérulentes, et l'on ne pourrait guère lui faire produire d'autres résultats; car si elle les retourne, c'est un fait accidentel, et dès que la matière s'élève à la hauteur du noyau, la circulation de l'air devient très-difficile.

On pourrait croire qu'en adoptant les hélices allongées du torréfacteur et en les reliant par des bras à un noyau central on obtiendrait un appareil plus simple que celui que nous avons décrit, et qui produirait les mêmes effets. Mais il faut observer que dans ce système on est obligé de laisser un certain jeu entre les hélices et le cylindre; dès lors une partie de la matière séjourne dans ce jeu au bas du cylindre; elle subit donc là une action illimitée de la chaleur. Pour les substances filamenteuses l'inconvénient serait plus grand encore, parce que la matière s'engagerait dans le jeu sur tout le pourtour des hélices, et rendrait même la marche impossible, jusqu'à ce que, en se desséchant, elle tombât en poussière.

Pour éviter ces inconvénients, on est conduit forcément à fixer les hélices sur le cylindre, et à donner à celui-ci un mouvement de rotation. Cette rotation produit d'ailleurs, en dehors de la question des hélices, un résultat important. Il en résulte, en effet, que toutes les parties de l'appareil sont successivement exposées au rayonnement des foyers et subissent une action uniforme de la chaleur, ce qui fait disparaître les déformations, oxydations et autres inconvénients qu'amènerait la distribution trop inégale de la chaleur sur les diverses parties de l'appareil, s'il restait immobile. Cette égale répartition de la chaleur est d'une telle importance, qu'on devra toujours, par prudence, mettre le cylindre en rotation avant d'allumer le feu dans les foyers.

On comprendra du reste que les avantages de la fixation des hélices sur le cylindre et de la rotation de celui-ci ont dû paraître bien importants à l'auteur de l'appareil, pour le décider à maintenir cette rotation, malgré toutes les difficultés qu'elle soulevait à la jonction du cylindre avec les trémies et le fourneau.

Explications sur le fonctionnement du torréfacteur mécanique.

Le degré de torréfaction de la matière dépend de la température à laquelle elle est exposée, du temps pendant lequel elle séjourne dans le cylindre, et de la quantité d'air qui traverse celui-ci.

On détermine par l'expérience la température la plus convenable pour donner à la matière le degré de décomposition, la siccité, la couleur ou le goût désirés. Cette température est ensuite maintenue constante au moyen du thermo-régulateur.

Quant au temps que la matière met à traverser le cylindre, il varie avec l'inclinaison, le nombre et la hauteur des hélices, et avec la vitesse de rotation de l'appareil; ces diverses quantités sont déterminées par l'expérience pour chaque matière, de façon à donner une circulation et un retournement convenables; la variation de la vitesse du cylindre, obtenue au moyen de la transmission par cônes, permettra aussi d'éviter les petites inégalités de torréfaction qui résulteraient nécessairement de ce que la matière, au moment de son introduction, n'est pas toujours dans les mêmes conditions d'humidité et de température. D'autres appareils concourent encore au même résultat, en permettant de faire varier l'appel d'air et des vapeurs. Ainsi, les soupapes z, w règlent l'appel dans les foyers, indépendamment du thermo-régulateur; les registres des prises d'air permettent de faire varier la quantité d'air froid qui entre dans l'appareil; enfin on a disposé une soupape R′ dans le conduit R, et une autre dans la cheminée des vapeurs W.

Cette dernière soupape est surtout indispensable lorsque le tirage est produit par une cheminée d'appel; s'il l'était par un ventilateur, il serait évidemment plus convenable de faire varier la vitesse de celui-ci que de produire un ralentissement dans le tirage par un étranglement plus ou moins grand de la section du tuyau d'évacuation des vapeurs.

Avant d'aller plus loin, nous croyons devoir faire observer que l'on peut encore varier le temps pendant lequel la matière séjourne dans le cylindre, en procédant de la manière suivante. Dès la mise en marche du torréfacteur on peut introduire dans celui-ci, au moyen du distributeur, une quantité de matière qui soit supérieure à celle que peuvent débiter, pendant le même temps, les hélices; dès lors, la matière s'accumulera de plus en plus dans le cylindre, et, lorsque l'accumulation sera arrivée au point jugé convenable, on remettra le distributeur dans des conditions de marche telles, qu'il introduise précisément autant de matière qu'en font sortir les hélices. On comprend qu'ainsi, l'équilibre étant établi entre l'entrée et la sortie, le temps du séjour de la matière dans le torréfacteur sera égal à celui d'une révolution, multiplié par le contenu du cylindre et divisé par la quantité qui entre à chaque tour.

En résumé, un appareil étant construit pour une substance déterminée, on voit que l'ouvrier dispose de toutes les ressources nécessaires pour éviter les inégalités accidentelles et pour modifier, suivant les besoins, les conditions du travail.

Quand on veut terminer une opération et vider le cylindre, on arrête le mouvement du distributeur et des soupapes à l'aide du manchon d'embrayage, ainsi que nous l'avons dit plus haut. Comme dès lors il n'arrive plus de matière froide dans l'appareil, on diminue le temps du séjour de la matière dans celui-ci en augmentant la vitesse de rotation, de telle sorte que le degré de torréfaction reste constant. Dans le même but, on ferme les registres des prises d'air et la soupape *w* de la cheminée. C'est surtout pour pouvoir obtenir facilement, en pareille circonstance, un grand accroissement de la vitesse, que l'on a dû recourir au double système de cônes que nous avons décrit.

De même, lors de la mise en marche du torréfacteur, le cylindre ayant été préalablement chauffé, les premières parties de matières qui y seront introduites tendront à subir une torréfaction beaucoup plus forte que celle qui est convenable et qu'elles doivent subir dès que la circulation se sera établie régulièrement.

Pour parer à la cause d'inégalité qui vient d'être signalée, il y aura lieu, lors de la mise en marche, de donner au cylindre une vitesse plus grande que celle de sa marche ordinaire, et de n'ouvrir les prises d'air qu'à mesure que l'appareil se remplira.

Quelques tâtonnements préliminaires permettent, du reste, bientôt, de régler avec précision les précautions à prendre lors du commencement et lors de la cessation du travail.

Les avantages que présente la machine que nous venons de décrire peuvent se résumer de la manière suivante :

1° L'appareil est automatique et peut recevoir le mouvement

d'un moteur quelconque; il suffit de verser la matière à travailler dans la trémie du distributeur, et de la recueillir à la sortie.

2° La marche du torréfacteur est continue, et l'on sait les avantages de la continuité sous le rapport de l'économie du travail, du combustible et de la matière travaillée, et sous celui de la plus grande régularité des produits obtenus.

3° Toutes les parties de la matière subissent dans le torréfacteur une action identique de la chaleur, condition capitale pour obtenir toujours le degré de torréfaction voulu, dès qu'une fois il a été atteint.

4° La seule cause qui pourrait faire varier le degré de torréfaction, cause qui réside dans l'activité variable de la combustion dans les foyers, et dans les pertes plus ou moins grandes de calorique que subit le fourneau par ses parois extérieures, est constamment corrigée par le fonctionnement du thermo-régulateur.

5° Le fourneau, avec ses enveloppes, est disposé de manière à obtenir le meilleur emploi possible du combustible, et, sous ce rapport, le nouvel appareil est très-économique.

Les divers diaphragmes qui s'opposent à l'entrée directe de l'air froid, soit dans le fourneau où circule la fumée, soit dans l'intérieur du cylindre lui-même, contribuent aussi à diminuer la consommation du combustible.

6° Les bonnes conditions dans lesquelles se trouve placé le cylindre, pour résister aux effets destructeurs d'une action inégale de la chaleur sur les diverses parties de la tôle, diminuent beaucoup les chances de réparation.

7° Les matières placées dans l'intérieur du torréfacteur étant toujours séparées de l'atmosphère extérieure, les vapeurs qu'elles exhalent ne se répandent pas dans les ateliers; elles gagnent directement la cheminée d'évacuation, disposition très-importante dans un grand nombre de cas, puisqu'elle supprime une cause sérieuse d'insalubrité, ou au moins d'incommodité pour les ouvriers.

8° Par suite de la liaison invariable des hélices au cylindre, aucune partie de la matière ne peut séjourner sur un point quelconque de la tôle et y contracter un mauvais goût ou s'y détériorer.

9° Les dispositifs du distributeur et les fourches dont sont armées les hélices lèvent les difficultés particulières que présentait la torréfaction des matières filamenteuses.

Ces matières peuvent être amenées dans le torréfacteur à un assez haut degré de siccité, sans cependant se réduire en débris sous l'action des retournements répétés qu'elles subissent, tandis que, lorsqu'elles sont torréfiées à l'air libre sur des plaques ou tuyaux chauffés, il en est tout autrement. Cet avantage est la conséquence de ce que la matière, étant maintenue à une haute température pendant tout le temps de son séjour dans le torréfacteur, reste, par cela même, beaucoup plus souple, à égalité d'humidité.

10° L'appareil est disposé de telle sorte qu'il est très-facile de faire varier à volonté, soit la vitesse du cylindre, soit celle d'arrivée de la matière, soit la quantité d'air qui traverse constamment l'appareil et entraîne les vapeurs, soit la température de cet air, etc. en un mot, toutes les conditions de la marche.

11° En résumé, l'appareil est d'une manœuvre commode et salubre; il se prête à la torréfaction et au séchage d'une matière solide, sous quelque forme qu'elle soit, pourvu, toutefois, qu'elle n'adhère pas à la tôle, ainsi que pourraient le faire certaines matières pâteuses ou gluantes. Il permet de porter la matière à telle température que cela est utile, et de l'y maintenir pendant aussi longtemps qu'on veut. Et ce résultat, il le produit avec une grande économie de main-d'œuvre et de combustible, tout en donnant des produits d'une égalité parfaite, et en réduisant le déchet de la matière travaillée à ses plus étroites limites.

Nous avons dit, en commençant cette description, que l'appareil figuré dans les plans était destiné particulièrement à la torréfaction des matières filamenteuses, et que cette application spéciale étant la plus difficile, on pourrait en conclure sans peine les modifications ou simplifications à apporter à la machine, dans toute autre hypothèse où l'on voudrait se placer. Il est utile de justifier cette assertion par quelques développements, restreints d'ailleurs dans les limites les plus étroites.

Modifications du torréfacteur en raison de la nature et de la forme des substances à torréfier.

Les modifications du torréfacteur peuvent être relatives à la nature et à la forme de la matière torréfiée, au degré de la température, et enfin au genre d'action que l'on veut produire. On peut donc les diviser en trois classes, que nous allons examiner successivement.

Supposons, d'abord, qu'il s'agisse de torréfier des matières en poudre, en grains ou en morceaux, telles que seraient du café, du cacao, de la chicorée, des grains, des légumes, entiers ou coupés, des cossettes de betteraves, etc.

On pourra supprimer toutes les dispositions exigées par la faible densité et l'enchevêtrement des matières filamenteuses. Ainsi, on réduira considérablement le diamètre du cylindre torréfacteur, et la section des différents passages et soupapes par lesquels se font l'entrée et la sortie des matières. Les quatre galets qui supportent le cylindre seront remplacés par deux tourillons, placés aux extrémités de l'appareil et reliés avec lui par deux croisillons en fonte. Au lieu du distributeur et de sa herse, on peut se contenter d'un dispositif beaucoup plus simple, tel que le babillard des moulins, ou une trémie dont le fond contiendrait un cylindre ou boisseau de robinet avec des augets convenables, ou enfin tout autre appareil analogue.

Les matières dont nous parlons n'étant pas susceptibles de se pelotonner, les fourches deviendront inutiles, du moins sous ce rapport. Toutefois, comme elles servent aussi, dans le cas des matières filamenteuses, à élever celles-ci jusque vers la génératrice supérieure du cylindre, et à les faire mieux traverser par le courant d'air, il y aura lieu, pour d'autres matières, de chercher à produire le même effet par un moyen convenable. On y parviendra en faisant les hélices obliques, et non pas normales à la surface du cylindre, ou en fixant sur leurs bords de petites cloisons, de manière à construire des espèces d'augets.

On ne peut fixer à l'avance, pour chaque cas particulier, l'inclinaison ou le nombre des hélices; ces éléments devront varier selon la fréquence des retournements à opérer, la quantité de matière contenue à la fois dans l'appareil, et la durée du séjour qu'elle devra y faire.

Il faudra, pour une application quelconque, consulter l'expérience des modes de torréfaction ou de dessiccation actuellement usités; puis, par quelques essais préliminaires, faits à froid sur de petits modèles en bois ou en carton, on déterminera la forme, le nombre et la dimension des hélices convenables pour atteindre le but que l'on se propose. Des essais de ce genre ont prouvé qu'ils ne présentaient aucune difficulté; il n'est d'ailleurs nullement nécessaire de chercher à en tirer autre chose que des résultats approximatifs. Il sera toujours facile de corriger les petites erreurs, en variant un peu la vitesse du cylindre, la vivacité de la combustion ou l'énergie de l'appel des vapeurs qui sortent du cylindre. On doit même remarquer, pour des matières très-peu denses, que cet appel accélère ou ralentit leur marche selon le sens dans lequel il agit, et qu'il est nécessaire de tenir compte de cette circonstance dans l'établissement des appareils définitifs.

Modifications relatives au degré de la température.

Le degré de chaleur auquel la matière devra être soumise sera aussi indiqué par les modes de manutention employés aujourd'hui. Le thermo-régulateur permettra d'ailleurs de faire varier la température dans des limites très-étendues; il faudra seulement se préoccuper de régler les dimensions des grilles des foyers et leur éloignement du cylindre, de telle sorte qu'on puisse obtenir, sans difficulté et de la manière la plus avantageuse, l'effet voulu, tant sous le rapport de la quantité d'unités de chaleur qui doivent passer dans l'appareil, que sous celui du degré du thermomètre auquel il doit être maintenu.

L'appareil représenté dans les plans est muni de deux foyers, nous avons déjà expliqué comment cette disposition le rend susceptible d'une plus grande quantité de travail, tout en le préservant mieux contre les effets destructeurs de l'intensité et de l'inégalité d'action des foyers. Les gaz chauds circulent, il est vrai, dans le même sens que la matière, ce qui est contraire au principe de la meilleure utilisation du combustible, mais il serait facile de se convaincre que la déperdition est ici très-faible. La disposition adoptée a d'ailleurs l'avantage d'exposer à l'action la plus directe des foyers la partie du cylindre qui contient les parties de la matière les plus récemment arrivées, c'est-à-dire les moins chaudes ou les plus humides, et, par suite, les moins susceptibles d'éprouver un effet fâcheux de l'action d'une température trop élevée. Ce dernier avantage devient surtout majeur lorsque les matières ne doivent être soumises qu'à une chaleur modérée.

Dans le cas des torréfactions à températures élevées, telles que celle du café, par exemple, la question changerait de face, et il serait probablement avantageux de placer les foyers du côté de la sortie des matières, et même de les réunir en un seul.

Dans les cas, au contraire, où la température devrait être très-modérée, et où il serait nécessaire d'employer un volume d'air considérable, on pourrait avec avantage superposer aux foyers un jeu de tuyaux en fonte ou en tôle traversés par le courant d'air froid qui entre dans l'appareil. On obtiendrait ainsi le double avantage de reporter le rayonnement des foyers sur le chauffage de l'air, et d'empêcher son action directe sur le cylindre.

Cette dernière disposition devrait, par exemple, être adoptée, si l'on voulait, au moyen du torréfacteur, pratiquer les retournements répétés, la ventilation forcée et l'exposition régulière à une température de 50 à 60°, qui semblent être les moyens les plus efficaces pour dessécher les céréales et les purger de tous les insectes destructeurs qui y causent tant de ravages.

Enfin on peut faire du torréfacteur un appareil travaillant à froid, pour refroidir les matières, les ventiler et les purger de toutes les poussières qu'elles peuvent contenir. Le cylindre sera fait alors en douvelles de bois cerclées en fer; la transmission de mouvement et l'entrée de la matière resteront les mêmes, l'extrémité par laquelle se fait la sortie s'ouvrira directement à l'extérieur, et le courant d'air, déterminé par un ventilateur, marchera en sens inverse de la direction suivie par la matière. L'appareil est employé sous cette forme depuis plusieurs années, dans la fabrication du tabac, comme complément du torréfacteur proprement dit.

Modifications relatives au genre d'action que doit subir la matière.

Si la matière ne pouvait subir aucune détérioration par suite du contact des gaz de la combustion, et tel est le cas dans la plupart des grillages proprement dits, on obtiendrait un meilleur effet utile en supprimant le courant d'air chaud, qui, dans les plans actuels, traverse le cylindre, et en le remplaçant par le courant même du gaz de la combustion qui se rend à la cheminée. Cette modification ne présenterait aucune difficulté.

Si la matière torréfiée ne devait perdre qu'une faible proportion d'eau, ou pouvait, sans inconvénient, être exposée à une température notablement supérieure à 100°, il y aurait lieu de diminuer beaucoup le volume d'air qui traverse le cylindre, et, par suite, les sections des conduits dans lesquels circule cet air. On pourrait même supprimer entièrement le courant d'air, le conduit qui l'amène dans le cylindre et le second manteau en tôle, si la matière devait seulement subir une espèce de grillage, comme, par exemple, dans la torréfaction du café. L'évacuation des gaz ou vapeurs, quelle que soit leur importance, peut être produite à volonté, et, suivant les cas, par le tirage d'une cheminée convenable ou par un ventilateur.

Enfin, si l'on voulait recueillir les substances volatiles qui se dégagent dans certaines opérations de grillage ou de torréfaction, il suffirait d'adapter au tuyau d'évacuation des vapeurs un appareil de condensation, dont la disposition pourrait être réglée suivant les cas; cet avantage de recueillir des produits volatils peut avoir une certaine importance; il fait du torréfacteur un véritable appareil distillatoire de matières solides. Pour ne citer qu'un exemple, ce système permettrait de recueillir en majeure partie l'huile essentielle du café qui, dans le mode actuel de torréfaction de cette substance, est entièrement perdue.

Nous n'en dirons pas davantage sur les différentes applications auxquelles peut se prêter le torréfacteur mécanique. Il serait impossible de les énumérer toutes sans tomber dans la diffusion. Du reste, il nous importait surtout de faire voir que ces applications sont très-nombreuses, et n'exigent que des changements de peu d'importance dans quelques détails des mécanismes et du fourneau, mais n'altérant en rien ni l'ensemble, ni les dispositions principales, qui constituent en réalité tout le mérite de l'appareil nouveau. Nous espérons que ce qui précède suffira pour atteindre le but, et nous arrivons à la seconde partie de ce mémoire, qui est relative aux résultats obtenus par l'emploi du torréfacteur mécanique dans la fabrication du tabac. Cette partie sera beaucoup plus restreinte que la première, mais nous n'y attachons pas moins d'importance, parce que nous savons que les machines les plus rationnelles n'inspirent pas grande confiance, tant que l'expérience n'est pas venue sanctionner les prévisions du raisonnement.

DEUXIÈME PARTIE.

RÉSULTATS OBTENUS PAR L'EMPLOI DU TORRÉFACTEUR MÉCANIQUE DANS LA FABRICATION DU TABAC.

Nous croyons nécessaire, pour la clarté de ce qui va suivre, d'expliquer les circonstances qui exigent que, dans le cours de la fabrication, le tabac à fumer soit soumis à de puissants moyens de dessiccation.

Les tabacs en feuilles conservés dans les approvisionnements sont trop cassants pour être manipulés et travaillés sans produire une très-grande quantité de débris. Pour leur donner de la souplesse, on est obligé de les humecter avec une proportion d'eau, qui peut varier suivant les détails de la fabrication, mais qui reste toujours assez considérable. Plus tard, lorsque par le hachage les feuilles ont reçu la forme définitive sous laquelle elles doivent être livrées à la consommation, cette eau d'humectation a rempli les services qu'on attendait d'elle, et il devient nécessaire de l'enlever, car elle empêcherait de conserver la matière et s'opposerait à la combustion.

La dessiccation doit en outre s'opérer dans des conditions particulières, qui sont assez délicates à remplir.

Si le tabac était chauffé à plus de 110°, il pourrait prendre un goût nuisible à sa qualité, et il faut cependant qu'il soit soumis à une température assez élevée pour arrêter les mouvements de fermentation qui ont pu commencer pendant que le tabac était mouillé, et pour paralyser les ferments. On le voit donc, sous le rapport de la température, les limites sont assez étroites, et peuvent être fixées à peu près de 70 à 110 degrés centigrades. Mais cette difficulté n'est pas la seule dans l'opération qui nous occupe.

La quantité d'eau à enlever est considérable, car elle atteint de 15 à 20 p. 0/0 du poids du tabac mouillé, et l'on opère en France, journellement, sur 50 à 60,000 kilogrammes de tabac, ce qui correspond en moyenne à une évaporation de 10,000 kilogrammes d'eau. Pour enlever un tel poids de vapeur, il faut faciliter le renouvellement de l'air et, en outre, favoriser autant que possible le contact intime de toutes les parties de la matière humide avec l'atmosphère ambiante. Dans le cas particulier qui nous occupe, les filaments du tabac, enchevêtrés les uns dans les autres, forment des masses compactes que l'air pénètre difficilement, et qu'il faut nécessairement diviser par des retournements continuels.

Les plus anciens appareils destinés à opérer une prompte dessiccation du tabac, et qui sont encore souvent employés aujourd'hui, consistent en plaques métalliques jointives, formant table au-dessus d'un foyer et de ses carneaux de fumée. Aux plaques chauffées à feu nu on a substitué plus tard, avec avantage et d'après les conseils de l'illustre Gay-Lussac, des tuyaux à circulation de vapeur, placés les uns à côté des autres. Les creux compris entre deux tuyaux juxtaposés sont remplis par des lames de plomb, et l'ensemble forme ainsi une table ondulée, chauffée directement par la vapeur intérieure, dans la plus grande partie de sa surface.

Dans les deux systèmes, dont on trouve la description dans la deuxième édition du *Traité de la chaleur* de M. Péclet, des ouvriers étalent le tabac sur les tables échauffées, et le retournent à plusieurs reprises en le divisant et le projetant à une certaine hauteur, afin de le mettre en contact avec la plus grande quantité d'air possible, condition nécessaire, on le sait, pour obtenir, au-dessous de 100°, la prompte et parfaite dessiccation d'une matière quelconque, mais bien plus difficile à obtenir pour une substance sous la forme filamenteuse que sous toute autre forme.

Les appareils à vapeur offrent cet avantage qu'on peut, en limitant la pression de la vapeur, être sûr de ne jamais porter le tabac au delà d'une température déterminée. Dans les appareils à feu nu, cet important résultat est entièrement subordonné aux soins apportés par les ouvriers dans la conduite du feu et dans le retournement incessant du tabac; il est même à peu près impossible à obtenir pour les filaments brisés qui, détachés de la masse, ne sont pas entraînés dans ses mouvements, et restent longtemps au contact de la plaque échauffée.

Mais la régularité et la limitation de la température sont les seuls avantages que les appareils à vapeur présentent sur ceux à feu nu. Sous tous les autres rapports les deux systèmes ont les mêmes défauts, et avec la même gravité.

Ainsi, dans les deux cas, les tables sont forcément à découvert pour permettre les manœuvres des ouvriers; l'eau d'humectation du tabac, réduite en vapeur, se répand donc librement dans l'atelier, entraînant avec elle des substances odorantes, et même, en proportion notable, la nicotine, principe vénéneux du tabac. Les ouvriers, penchés sur les tables pour exécuter leur travail, aspirent les vapeurs sur le point où elles sont le plus intenses, et, bien qu'avec une certaine habitude ils arrivent à supporter, sans trop de gène, cette situation; bien qu'aucune maladie spéciale n'ait été signalée comme en étant la conséquence, il nous est néanmoins impossible de croire à la salubrité d'un atelier dans de pareilles conditions.

Une autre cause, très-difficile à combattre, expose d'ailleurs les ouvriers à toutes les maladies qui dérivent de ce qu'on appelle vulgairement des refroidissements. Il faut en effet des quantités d'air considérables et une forte ventilation pour enlever les vapeurs qui s'échappent du tabac. Si l'on voulait chauffer préalablement cet air, il faudrait recourir à des dispositions coûteuses et compliquées; en outre, la température de l'atelier s'élèverait à un degré difficile à supporter. Aussi, en général, l'air est-il introduit dans les salles par la simple ouverture des fenêtres placées derrière une partie des ouvriers, et l'on peut facilement concevoir ce qui en résulte pour ces hommes fortement chauffés en avant par le rayonnement des appareils, tandis qu'un courant d'air froid les enveloppe du côté opposé. Le désir de porter remède à un semblable état de choses a été longtemps le sujet de mes préoccupations, et c'est ce désir qui a été l'origine réelle des études longues et difficiles qui m'ont conduit à la conception du torréfacteur mécanique.

Si du point de vue de la salubrité nous passons au point de vue économique, nous aurons à signaler, dans les anciens fours, des inconvénients tout aussi graves. Le travail s'y fait entièrement à bras, et coûte annuellement, en France, plus de 100,000 francs de main-d'œuvre. Le rendement du combustible employé est faible, parce que l'évaporation se faisant dans une atmosphère peu échauffée, la vapeur ne sort pas librement de la matière et subit des condensations partielles avant de s'échapper dans l'air; ainsi 1 kilogramme de houille ne vaporise guère, dans les plus parfaits de ces appareils, que 2 kilogrammes d'eau. Mais la perte la plus grande provient de ce que, le retournement restant toujours imparfait, certaines parties de tabac séjournent trop longtemps au contact des plaques échauffées, se dessèchent complétement, deviennent cassantes, enfin se réduisent en poussière à la moindre pression. Ces poussières ne peuvent rester dans le tabac à fumer; elles en sont extraites par des nettoyages ultérieurs, et, bien que la forme seule ait été changée, et que la matière pulvérulente soit encore du tabac, il n'en est pas moins incontestable qu'au point de vue industriel elle a perdu la plus grande partie de sa valeur. Ce déchet doit être estimé annuellement à plusieurs centaines de mille francs, et constitue le plus grand défaut économique des anciens appareils de dessiccation.

Le torréfacteur mécanique fait disparaître tous les inconvénients dont nous venons de parler; on peut le comprendre sans peine d'après les descriptions et les détails contenus dans la première partie de ce mémoire.

Nous ne reviendrons donc pas sur ces descriptions; nous rappellerons seulement les différences les plus essentielles par lesquelles le nouvel appareil se montre supérieur aux anciens. La torréfaction s'opérant à l'intérieur du cylindre, toutes les vapeurs et émanations sont rejetées au dehors par une cheminée, et aucune partie ne peut se répandre dans l'atelier. Les courants d'appel d'air sont assez faibles, et ne se font nullement sentir aux places occupées par les ouvriers, ils servent même à entretenir dans l'atelier une température modérée. La salubrité est donc parfaite.

Le prix de la main-d'œuvre est réduit des trois quarts pour le moins, et le travail ramené à des conditions tellement douces, qu'il n'exige des ouvriers qu'une dépense de force des plus minimes. Quant au travail mécanique dépensé, il est faible, et son prix n'atteint pas 5 pour 100 de l'économie obtenue sur le travail manuel.

Par suite du mouvement continu de rotation de l'appareil, par suite de la liaison invariable des hélices au cylindre, la matière est sans cesse retournée, et aucune partie ne peut séjourner sur un point quelconque de la tôle, et y subir une action trop forte ou trop prolongée de la chaleur. Des expériences directes et souvent répétées avec des corps très-fusibles, tels que la cire, des alliages, etc. ont d'ailleurs prouvé qu'un corps circulant dans le cylindre, comme le tabac, ne peut pas, même accidentellement et sur quelque point particulier, rencontrer une température sensiblement plus élevée que la température adoptée pour la marche et maintenue par le thermo-régulateur.

Le torréfacteur mécanique présente donc des garanties aussi sérieuses que les appareils à vapeur, pour éviter au tabac toute élévation de température qui pourrait lui donner un mauvais goût, et il surpasse sous un autre rapport ces mêmes appareils, qui font toujours subir à certaines parties du tabac l'action d'une chaleur, assez modérée peut-être, mais à coup sûr beaucoup trop prolongée, et les disposent à se réduire très-facilement en débris.

Dans le torréfacteur, au contraire, non-seulement aucune partie de la matière ne se dessèche à l'excès; mais cette matière étant maintenue à une température élevée pendant tout le temps de son séjour dans le cylindre, reste par cela même beaucoup plus souple à égalité d'humidité, et se brise beaucoup moins par les retournements répétés qu'elle subit.

En résumé, les avantages du torréfacteur mécanique annoncés dans la description générale ont été complétement réalisés dans l'application particulière de cet appareil à la dessiccation du tabac, application aujourd'hui complète dans les manufactures de Strasbourg et de Lyon, et qui, partielle à la manufacture de Paris, ne peut tarder à être généralisée. Ces résultats d'une expérience de plusieurs années (le premier torréfacteur a été installé en 1841 et 1842) nous permettent d'espérer fermement que le torréfacteur mécanique obtiendrait des succès analogues dans d'autres industries. Mais nos lecteurs, lors même qu'ils partageraient cet espoir, ne pourraient avoir sur ce point que des idées assez vagues, si nous nous bornions à des généralités.

Pour éviter cet inconvénient, et pour donner des éléments qui puissent servir de base à des prévisions approximatives, nous croyons utile de citer quelques chiffres sur le rendement de l'appareil et sur l'effet utile du combustible.

Dans la marche ordinaire adoptée pour la torréfaction du tabac, le thermo-régulateur est réglé de manière à maintenir à environ 100° la température de l'air qui entre dans le cylindre. Les autres conditions de marche varient suivant la proportion d'eau qu'on se propose d'enlever à la matière humide; si cette proportion est fixée par exemple à treize pour cent, le torréfacteur doit faire de six à sept tours par minute, la quantité de tabac travaillée par heure s'élève à 650 ou 700 kilogrammes, et l'on dépense, pour obtenir ce résultat, à peu près 22 kilogrammes de coke de gaz à quinze pour cent de cendres.

Il résulte de ces chiffres, comme d'ailleurs on le reconnaît par des pesées directes, que la quantité d'eau évaporée dans le cylindre est de 85 à 90 kilogrammes par heure. Mais cette évaporation ne constitue pas tout l'effet utile de l'appareil et du combustible, car le tabac entré à une température moyenne de 20° sort à environ 60°, et cette chaleur acquise est utilisée dans des manipulations ultérieures pour lui faire perdre encore une certaine proportion d'humidité. L'air de ventilation entré dans le cylindre vers 100°, en sort à une température un peu supérieure à celle du tabac, et qui atteint souvent 65°; le poids de cet air est par heure d'environ 650 kilogrammes.

Si l'on veut se rendre compte de la quantité de chaleur qui traverse les parois du cylindre, il faut ajouter à la quantité d'eau évaporée un chiffre correspondant à l'accroissement de la température du tabac, soit 25 à 30 kilogrammes de vapeur, et retrancher de la somme ce que fournit l'air entrant à 100° et sortant à 65°. On obtient ainsi un total de 110 kilogrammes environ, et la surface de chauffe du cylindre étant de 11 à 12 mètres carrés, il en résulte que la transmission de la chaleur équivaut à près de 10 kilogrammes de vapeur produite par mètre carré de surface de chauffe et par heure, chiffre bien plus élevé que tous ceux obtenus dans les séchoirs ordinaires, et qui se rapproche même assez de celui qu'on admet généralement pour les chaudières à vapeur marchant dans les conditions économiques les plus favorables.

En cherchant à se rendre compte de la répartition complète de la chaleur produite par la combustion du coke, on arrive aux résultats suivants, estimés en kilogrammes de vapeur :

POUR 1 KILOGRAMME DE COKE DONT LA COMBUSTION PEUT PRODUIRE THÉORIQUEMENT AU PLUS 10 KILOGRAMMES DE VAPEUR.

Évaporation dans le cylindre	4k 00
Chaleur absorbée par le tabac et utilisée plus tard en grande partie	1 30
Chaleur emportée par l'air de ventilation	0 50
Perte par la cheminée, vingt-cinq pour cent	2 50
Perte par les fondations et le rayonnement, quinze pour cent	1 50
Total	9 80

La chaleur utilisée pour le travail s'élève donc à soixante pour cent de la chaleur totale de combustion du coke, et si l'on veut ne compter que l'eau vaporisée réellement, soit dans le torréfacteur, soit après la sortie du tabac, l'effet utile s'élève à cinquante pour cent. Un tel résultat, eu égard aux difficultés que présente la matière travaillée, donne le droit de ranger le torréfacteur au nombre des appareils les plus perfectionnés qui servent aujourd'hui à l'emploi de la chaleur dans les arts.

Nous ajouterons encore que si, en maintenant la température au même degré, on varie les autres conditions de travail, telles que la quantité de tabac torréfié par heure, et le taux pour cent d'humidité qu'il perd, l'effet utile de l'appareil, c'est-à-dire la quantité totale d'eau évaporée, reste sensiblement au même chiffre. Le travail peut d'ailleurs être augmenté dans de fortes proportions par l'élévation de la température, et le torréfacteur vaporise alors facilement beaucoup plus de 100 kilogrammes d'eau par heure. Cette faculté n'a pas une grande importance dans la fabrication du tabac, mais elle pourrait en acquérir pour le traitement d'autres matières, et nous avons pu observer expérimentalement que l'élévation de la température ne diminue pas notablement l'effet utile, ce qui s'explique d'ailleurs parce que si, d'une part, les gaz de la combustion entraînent un peu plus de chaleur dans la cheminée, il y a diminution, d'un autre côté, sur la quantité d'air de ventilation nécessaire pour entraîner les vapeurs et sur la chaleur absorbée par cet air.

Paris, le 5 décembre 1856.

MÉMOIRE SUR LE TORRÉFACTEUR MÉCANIQUE, PAR M. E. ROLLAND.

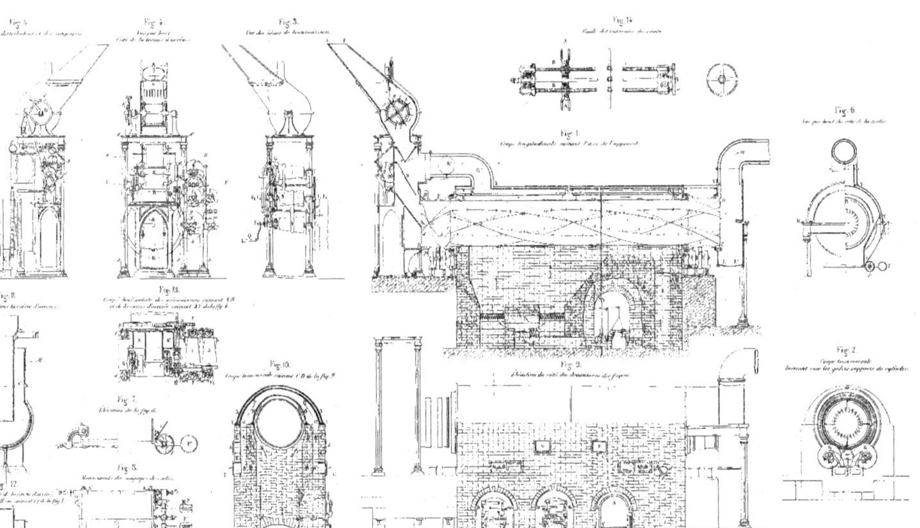

www.ingramcontent.com/pod-product-compliance
Ingram Content Group UK Ltd.
Pitfield, Milton Keynes, MK11 3LW, UK
UKHW021133230726
13926UKWH00002B/779

9 782016 164532